Abwaermekraftmaschinen-Gesellschaft mit beschraenkter Haftung.

EXPÉRIENCES RÉCENTES

SUR LES

MACHINES THERMIQUES DE BASSE TEMPÉRATURE

DITES

MACHINES-ABWAERME

PAR

LE PROFESSEUR E. JOSSE.

Extrait spécial des Communications du laboratoire de machines de l'École royale polytechnique de Berlin.

R. Oldenbourg, Imprimeur Éditeur à Munich et à Berlin.

1901.

TABLE DES MATIÈRES.

A l'occasion de l'anniversaire de l'école royale polytechnique de Berlin, célébré en automne 1899, nous avons publié dans les Communications du Laboratoire de Maschines de l'école royale polytechnique, fascicule II[1]), un compte-rendu sommaire des essais que nous avions entrepris, essais consistant à actionner des machines motrices au moyen de la chaleur inutilisable jusqu'à présent (prise dans ce cas particulier sous la forme de vapeur d'échappement).

Ces essais ont fourni la preuve de la possibilité de produire du travail mécanique en utilisant de la chaleur, qui jusqu'à présent n'avait pu être employée dans ce but, en raison de sa basse température et par suite se trouvait perdue; les résultats obtenus ayant démontré que le rendement en travail était largement suffisant, ils laissent entrevoir une application pratique et industrielle de ce principe.

Le principe de ces essais a été suivi de la formation de la Société anonyme de Force motrice «Abwaerme»[2]) (Abwaermekraftmaschinen-Gesellschaft m. b. H.). Celle-ci a acheté les brevets en question et a chargé l'auteur de procéder, par la construction et l'étude de machines de grand modèle, à l'épreuve de l'application technique et économique de ces nouvelles machines motrices.

La première machine motrice de 60 à 70 chevaux du nouveau système fonctionne d'une manière irréprochable depuis le mois de septembre 1900, tandis qu'une deuxième machine de ce genre, d'une force de 175 chevaux a été mise en marche vers le 15 avril dernier dans les Usines d'Électricité de la ville de Berlin (Berliner Elektricitaetswerke).

L'expérience acquise pendant l'intervalle d'une année dans la construction et le fonctionnement de ces machines de même que les nombreux essais auxquels elles ont été soumises permettent de se faire une opinion arrêtée sur les machines motrices dites «Abwaerme», et va nous permettre de nous étendre plus longuement sur ce sujet.

Procédé pour la production du travail mécanique dans les machines-„Abwaerme“.

Avant d'entrer dans les détails des machines construites, et avant de nous étendre sur les résultats pratiques et empiriques obtenus, nous croyons devoir donner à nouveau une analyse de la méthode de production du travail mécanique du nouveau système.

---

[1]) Josse, Mitteilungen aus dem Maschinenlaboratorium der Kgl. Techn. Hochschule zu Berlin. R. Oldenbourg, éditeur à Munich.

[2]) Abwaerme comprend en allemand de la chaleur perdue (waste heat en anglais).

On sait par exemple, que dans la vapeur d'échappement des machines à vapeur ordinaires ou dans l'eau de condensation se trouve la majeure partie du calorique fourni à la machine, et qui se trouve de la sorte inutilisée pour la production de la force motrice.

La possibilité de convertir en travail mécanique une partie de cette chaleur, perdue parce qu'elle est à trop basse température pour être utilisée au moyen des fluides à haute température d'ébullition (vapeur d'eau), est un fait reconnu depuis longtemps. C'est par l'adjonction d'un autre agent de travail à point d'ébullition inférieur (vapeur froide), qu'on y arrive. — Les rares essais qui autrefois ont été tentés dans ce sens sur une petite échelle n'ont pas laissé d'accuser un succès douteux et en tout cas de peu de durée.

Si simple que puisse paraître en lui-même le nouveau procédé, il n'en résulte pas moins dans sa mise en pratique, qui maintenant peut être considérée comme un fait accompli, une nécessité de travail et de recherches de plusieurs années, et cela malgré l'expérience acquise dans la construction des machines à glace utilisant les mêmes vapeurs froides.

On sait que dans les machines à vapeur ordinaires la détente ne peut être poussée qu'à 80—90 % du vide absolu. Il règne ainsi dans le condenseur une température de 60° à 45°, tandis que l'eau de réfrigération employée pour condenser la vapeur entre à une température de 15°.

La chute de température dans le condenseur de 60° à 15° ne peut pas être utilisée par la machine à vapeur ordinaire mais elle peut l'être par l'adjonction de liquides entrant en ébullition à basse température, c'est à dire de liquides dont les vapeurs accusent déjà aux températures en question des pressions notables.

Ces liquides couramment employés dans les machines frigorifiques : l'ammoniaque, l'acide sulfureux, etc., sont utilisés déjà depuis des années dans l'industrie sans aucune difficulté. Dans les machines que nous avons construites, nous employons avec avantage l'acide sulfureux (SO_2) attendu que les tensions de sa vapeur, aux températures en question, n'excèdent pas des limites qui pourraient créer des difficultés de construction et qu'elles présentent encore d'autres avantages, que nous mentionnerons plus tard.

Les températures à prendre en considération pour l'utilisation de la vapeur d'échappement les pressions au condenseur et celles de la vapeur de SO_2, qui y correspondent, peuvent être tirées des courbes représentées figure 1. Les données relatives aux tensions de vapeur de SO_2 diffèrent un peu suivant les expérimentateurs.

Pour un vide de 80 % par exemple dans le condenseur de la machine à vapeur à la température de 60°, correspond pour la vapeur d'acide sulfureux une pression de 11 kgs. par cm² tandis que la pression de l'acide en rapport à la température de l'eau de réfrigération est de 2,87 kgs. par cm². Cette vapeur peut donc fournir un travail en se détendant dans un cylindre de 11 à 2.87 kgs.

La quantité de chaleur dont on dispose dans le condenseur de la machine à vapeur ordinaire pour la production des vapeurs froides, est importante. En dehors des pertes causées par le rayonnement, seule la chaleur équivalente au travail fourni par la machine à vapeur disparaît. — En présence du faible effet thermique de la machine à vapeur, la quantité de chaleur à céder dans le condenseur est comparable à celle qui est introduite dans la machine à vapeur par la vapeur vive.

En dehors de la chaleur contenue dans la vapeur d'échappement, on peut aussi utiliser d'autres sources de chaleur qui, jusqu'à présent, sont restées inutilisées pour la production du travail, en raison de leur trop basse température. Les vapeurs froides les rendent utilisables.

La combinaison d'une machine Abwaerme avec une machine à vapeur à condensation ressort de la figure 2.

«A» est une machine à vapeur dont la vapeur d'échappement est envoyée dans un condenseur à surface «B». — La condensation ne s'opère pas sous l'action de l'eau de réfrigération mais bien par l'évaporation de l'acide sulfureux.

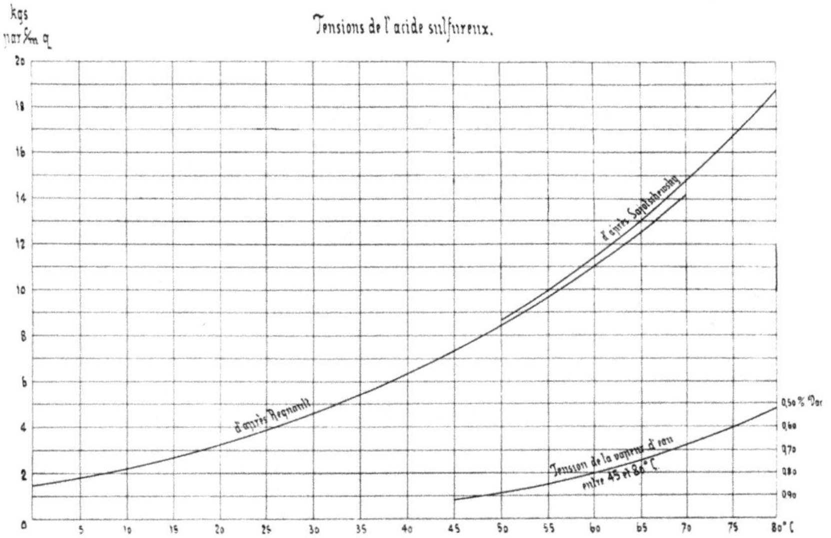

Fig. 1.

Les vapeurs de SO_2 produisent alors un travail mécanique dans un cylindre spécial «C» en se détendant jusqu'à une pression qui correspond à peu près à la température de l'eau de réfrigération.

Les vapeurs passent alors dans un deuxième condenseur à surface, où elles sont liquéfiées par de l'eau de réfrigération.

L'acide sulfureux liquide est extrait de ce condenseur par une petite pompe «E» qui le renvoie à l'évaporateur pour servir à nouveau. Ainsi à part les pertes causées par les fuites, il n'y a ici aucune perte du fluide moteur.

Quoique le fonctionnement paraisse très simple, on se heurte cependant à d'importantes difficultés dans la mise en pratique du procédé.

Le mode de construction de la machine, de l'appareil à surface, qui doit transmettre de grandes quantités de chaleur avec des pertes aussi faibles que possible, de la pompe à SO_2 exige certaines conditions nouvelles, conditions quelquefois communes aux machines à vapeur et aux machines à glace.

Les garnitures des tiges de pistons doivent être parfaitement faites, de manière à éviter les pertes d'acide sulfureux, et à prévenir l'odeur désagréable qui peut en résulter.

La première installation fut exécutée avec des moyens relativement imparfaits et sans que l'on disposât de données expérimentales concluantes; elle fonctionna à partir du printemps jusqu'en octobre 1899 dans le Laboratoire de Machines de l'école polytechnique. — Nous avons fait sur ces machines des essais, de même que sur les résultats obtenus un rapport, qui a paru dans le fascicule II des «Communications».

La nouvelle machine peut s'adapter de deux façons aux machines à vapeur ordinaires; d'une part, en accouplant directement le cylindre à vapeur froide à la machine à vapeur, c'est

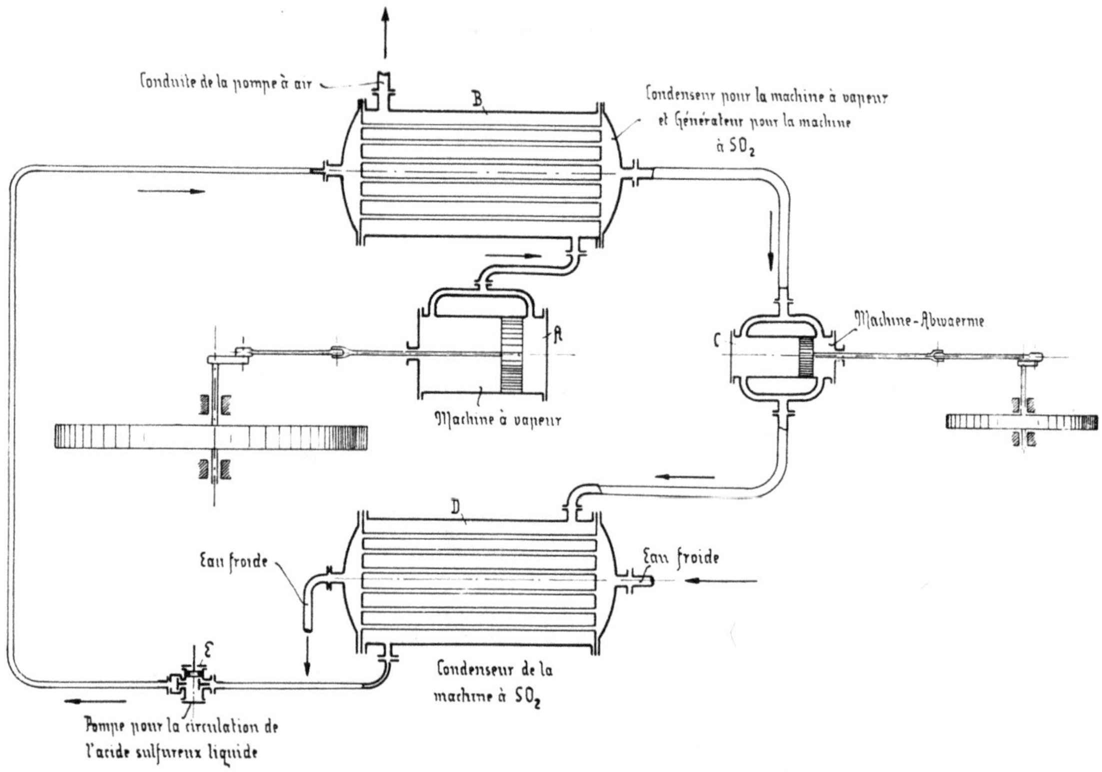

Fig. 2.

à dire en faisant agir son piston sur le même arbre; d'autre part, en installant la machine à vapeur froide séparément, comme moteur isolé, utilisant la vapeur d'échappement d'une ou de plusieurs autres machines et constituant un groupe spécial.

Description des nouvelles machines motrices, dites „Abwaerme".

Machine de l'école polytechnique, d'une force de 60 chevaux, combinée avec une machine à vapeur compound à triple expansion pour l'éclairage.

La machine compound à triple expansion, d'une force de 150 chevaux effectifs, du Laboratoire de Machines est ordinairement affectée à l'éclairage et aux essais. Elle est représentée figure 3, et a été décrite antérieurement (voir les «Communications» fascicule I, page 36 et suivantes). Elle se prête avantageusement à l'adjonction d'un cylindre à vapeur froide.

Cette machine a été construite par les ateliers des Établissements de Görlitz; les cylindres à haute et moyenne pressions sont disposés en tandem, tandis que le cylindre à basse pression est disposé verticalement et agit sur le même arbre à manivelle que les deux autres cylindres.

Ce qui rend la machine à vapeur spécialement propre à l'adaption facile du cylindre à vapeur froide, c'est qu'elle possède une deuxième manivelle avec bielle et bâti, pour l'adjonction éventuelle de compresseurs ou de pompes destinées aux essais (voir figure 3). En outre la machine est munie d'excellents appareils d'expérimentation. Aussi elle peut être actionnée par de la vapeur surchauffée avec un surchauffeur à chauffage indépendant, installé près de la machine. La charge de la machine est généralement constituée par une dynamo.

Au bâti indépendant a été raccordé le cylindre à vapeur froide. A la place du condenseur à surface de la machine à vapeur qui se trouvait devant le cylindre vertical à basse pression et le volant (figure 4), on a monté l'évaporateur et le condenseur de la machine Abwaerme.

La pompe centrifuge actionnée par l'électricité servant de pompe à eau de réfrigération, et la pompe à air ont été conservées.

Les dimensions de la machine à vapeur sont les suivantes:

Diamètre du cylindre à haute pression . .	270 mm
» » » » moyenne » . . .	430 »
» » » » basse » . . .	675 »
Course commune	500 »
Nombre de tours normal	150 p. min.

Le cylindre à vapeur froide a un diamètre de 266 mm, la même course de 500 mm; il a été construit dans les ateliers des Établissements de Görlitz.

Fig. 3.

Fig. 3.

Par l'adjonction du cylindre à vapeur froide, on pouvait s'attendre à une augmentation de travail de 35 à 40%. La dynamo (type F. 800 de la A. E. G.) actionnée par la machine avait été calculée largement, et il était permis de lui faire supporter cette surcharge. La dynamo a en effet excédé parfois de 40% son travail normal.

La machine Abwaerme montée sur le bâti indépendant, est représentée à la figure 5, qui permet d'en voir la disposition d'ensemble. Pour plus de clarté, les cylindres à vapeur placés derrière ont été supprimés; on n'aperçoit que le volant.

Le cylindre n'a pas été fixé directement au bâti indépendant, il en est séparé par un raccord destiné à réserver de la place au long presse-étoupe de la tige du piston.

Fig. 4.

Le cylindre est à distribution par soupapes, le mode de construction est analogue à celui des machines à vapeur, mais en diffère à cause de l'étanchéité parfaite à obtenir pour les tiges des soupapes.

On sait que les presse-étoupes des tiges oscillantes sont plus faciles à maintenir étanches que ceux des tiges à mouvement de va et vient.

La commande des tiges de soupapes verticales a donc lieu par l'intermédiaire d'un dash-pot à huile et à ressort (nouveau système Collmann), qui ferme les soupapes. Les boîtes à soupape sont complétement closes, le mouvement leur est transmis au moyen d'axes oscillants et de leviers coudés. La même disposition a été adoptée pour les soupapes d'échappement.

Pour le cylindre à vapeur froide, on a disposé un arbre de distribution commandé par des roues coniques recevant leur commande de l'arbre de distribution principal de la machine à vapeur.

L'acide sulfureux permet d'employer n'importe quel métal à la construction des pièces en contact avec lui; on peut donc employer indistinctement la fonte, le fer forgé, le bronce etc.

Le cylindre à vapeur froide est en fonte et est calculé pour une pression maxima de 15 kgs. par cm^2. Il n'a pas d'enveloppe de vapeur, il est protégé par du feutre recouvert d'une feuille de tôle.

Le presse-étoupe de la tige du piston a nécessité d'une construction spéciale.

Les presse-étoupes pour l'acide sulfureux, même à une faible vitesse de piston et à basse pression, exigent une certaine attention dans les machines à glace. Les difficultés sont ici d'autant

Fig. 5.
Machine Abwaerme, de 60 chevaux de l'École polytechnique.

plus grandes, que les pressions dans la machine Abwaerme sont plus fortes (jusqu'à 15 atm.) et que le nombre de tours est plus élevé (150 tours par minute et plus).

L'acide sulfureux présente un avantage spécial, en ce sens qu'il possède les qualités d'un lubrifiant. Dans des essais précédents, dans le Laboratoire de machines, j'ai fait marcher la machine à vapeur froide même avec des vapeurs de SO_2 surchauffées d'environ 30^0 et j'ai obtenu une marche excellente sans graissage du cylindre.

L'avantage qu'il y a à ne pas employer d'huile pour le graissage se fait surtout sentir dans le condenseur à surface. Le pouvoir de transmission n'y est nullement altéré par les dépôts de corps gras, même au bout de longues années. Ce même avantage est reconnu comme on le sait, depuis longtemps dans les machines à glace à acide sulfureux.

Dans les presse-étoupes des tiges de piston on ne peut cependant pas se passer complétement de lubrifiant, car la garniture ayant pour but de prévenir les fuites d'acide sulfureux, il ne faut pas qu'il arrive de SO_2 à la partie antérieure si l'on veut que la garniture soit étanche.

En conséquence la partie de la garniture voisine de la sortie de la tige ne doit pas être graissée par SO_2 mais il faut qu'elle le soit par de la graisse. Aussi le constructeur a eu pour mission de donner au presse-étoupe une forme telle que le lubrifiant ne puisse point se trouver entrainé dans le cylindre: il y est d'ailleurs parfaitement arrivé. Après trois mois de marche on a ouvert le cylindre à SO_2, on a pu constater que les boîtes à soupapes d'échappement ne présentaient que des traces de corps gras.

Le cylindre lui-même présentait une surface aussi polie qu'un cylindre de machine à vapeur.

Dans le fonctionnement de cette machine on pouvait également remarquer que la condensation des vapeurs dans le cylindre à SO_2 est extrêmement faible. — Quoiqu'aucun robinet de purge spécial n'y ait été prévu, comme pour les cylindres à vapeur, jamais la moindre difficulté ne s'est présentée. — La machine a été mise en marche sans qu'il y ait eu besoin de réchauffer préalablement le cylindre à vapeur froide. Le service de la machine Abwaerme n'a pas nécessité plus d'attention que celui d'une machine à vapeur.

L'évaporateur et le condenseur de la machine Abwaerme ont été (figure 6) montés à la place du condenseur à surface existant (figure 4). La pompe à eau froide et la pompe à air du condenseur ont été maintenues.

L'appareil à surface a dû être complétement étudié à nouveau.

Le type des appareils en usage dans les machines à glace ne pouvait être utilisé ici, les quantités de chaleur à transmettre par heure étant beaucoup plus importantes. Il fallait donc obtenir une augmentation de la capacité de transmission, si l'on ne voulait pas être amené à construire des appareils de volumes disproportionnés et coûteux. On a été amené à perfectionner ce type d'appareils de manière à permettre de transmettre par mètre carré de surface et à différence de température égale, beaucoup plus de calories par heure que ce n'était le cas jusqu'à présent pour les machines à glace. En outre il a fallu que la disposition d'ensemble des appareils ait un volume beaucoup plus petit que dans les machines à glace à serpentins réfrigérants.

Dans les machines à glace utilisant l'acide sulfureux, il faut réduire autant que possible le nombre des joints des tuyaux réfrigérants. Autantque possible, ils doivent être disposés de façon à ce qu'ils ne soient pas mouillés par l'eau froide, pour éviter les perturbations résultant du mélange d'eau et d'acide sulfureux, par suite d'un défaut dans le joint.

C'est un fait reconnu que par addition d'air atmosphérique et d'eau, l'acide sulfureux s'oxyde, pour former de l'acide sulfurique (SO_4H_2), qui attaque les métaux.

C'est là la principale objection que l'on peut faire à l'emploi de l'acide sulfureux dans les machines à glace.

D'un autre côté il est certain que l'acide sulfureux anhydre employé pur, est sans aucune action sur les métaux.

Une introduction d'air dans la machine motrice à SO_2 est absolument impossible, car les pressions qui règnent dans la machine excèdent toujours la pression atmosphérique.

En outre la pratique actuelle permet de faire des joints d'une étanchéité telle, qu'avec une bonne matière et un travail soigné on évite complétement les fuites. A ce sujet je ferai remarquer que les anciens appareils d'essai de l'école sont restés pendant plus d'une année remplis d'acide sulfureux et d'eau sans qu'il en soit résulté le moindre inconvénient. Les appareils de la

Fig. 6.
Appareils à surfaces de la machine Abwaerme de 60 chevaux.

nouvelle machine de 60 chevaux de l'école sont remplis depuis le mois de juillet 1900, soit depuis plus d'une année. Les nombreuses visites faites aux appareils ont prouvé que ceux-ci se trouvaient constamment en parfait état.

Il est nécessaire, une fois les appareils montés, de les éprouver soigneusement, au point de vue de l'étanchéité. Mais il faut avoir recours à d'autres moyens que pour les chaudières à vapeur. Il a fallu imaginer de nouvelles études et de nouveaux procédés d'épreuve, comme il a fallu imaginer de nouveaux modes de construction des appareils.

Dans notre type d'appareil à surface, il n'a été tenu aucun compte du nombre des joints. Ils sont disposés plutôt de manière que d'un côté du joint se trouve l'eau, et de l'autre l'acide sulfureux.

Il est essentiel d'employer de bonnes matières premières. Le travail doit être soigné et l'essai des appareils minutieux. L'évaporateur et le condenseur ont la forme de cylindres ayant chacun 3 m de longueur. Ils sont pourvus intérieurement d'un système tubulaire; le premier a un diamètre intérieur de 880 mm, 70 m^2 de surface active; l'autre a un diamètre intérieur de 1040 mm, et 160 m^2 de surface active.

Les appareils sont entièrement construits en fer; ils donnent de très bons resultats. Il n'y a aucune nécessité d'employer du cuivre, du moment que l'eau de réfrigération ne contient pas des traces d'acides.

L'évaporateur est construit pour résister à une pression de 20 atm., ainsi que le condenseur, en vue d'offrir une sécurité suffisante. Les deux appareils sont d'une construction telle que l'on peut à tout moment s'assurer de l'état des joints intérieurs, sans être obligés d'en retirer l'acide sulfureux. Pendant les arrêts, le nettoyage des parties sujettes à s'encrasser est des plus faciles; ce sont les parois au contact des vapeurs d'échappement dans l'évaporateur, et les parois au contact de l'eau de réfrigération dans le condenseur.

Afin de pouvoir isoler en partie les conduites et visiter le cylindre à vapeur froide, sans avoir à retirer l'acide sulfureux de l'appareil, toutes les tubulures de l'appareil ont été munies de soupapes.

Les températures relativement basses qui règnent dans les appareils, et les faibles différences de température qui s'y présentent, ne provoquent aucune dilatation nuisible, ce qui est d'une grande influence sur la résistance des joints. La plus grande différence de température est d'environ 40°; elle se produit dans l'évaporateur, à la mise en marche. Pendant la marche elle n'est que d'environ 5 à 8 degrés. Le type de l'appareil se prête cependant à une surchauffe de l'acide sulfureux de quelques degrés. Cette disposition permet, avec une petite chambre de vapeur dans l'évaporateur, d'éviter l'introduction de vapeurs humides dans le cylindre à vapeur d'acide sulfureux.

Comme dispositifs de sûreté, les deux appareils sont pourvus de soupapes de sûreté. La soupape de sûreté de l'évaporateur débouche dans le condenseur, la soupape de sûreté du condenseur, qui n'est prévue que pour des cas accidentels peu probables, s'ouvre dans l'atmosphère.

Les essais ont confirmé que la transmission de chaleur dans l'évaporateur s'effectue plus acilement que dans le condenseur. Dans le premier, la transmission de chaleur par mètre carré de surface est à différence égale de température moyenne, quadruple de celle observée dans le condenseur.

Par suite du mode de construction spécial du condenseur, la transmission de chaleur, toutes choses égales d'ailleurs, est double de celle observée dans les appareils des machines à glace. Les résultats des essais ont en outre permis de constater que les dimensions des appareils avaient été calculées un peu trop largement, et que pour de nouveaux appareils l'évaporateur pourrait être réduit.

Le montage du condenseur et de l'évaporateur, par rapport à la machine, peut se faire différemment de celui adopté dans l'installation en question.

Il n'y a aucun inconvénient à placer l'évaporateur sous le sol, entre le cylindre à vapeur à basse pression et le cylindre à acide sulfureux, comme un réservoir intermédiaire et à disposer le condenseur, soit sur le toit du bâtiment des machines, comme dans les installations de machines à glace, soit dans une cave.

Nous reviendrons sur ce sujet dans la suite.

L'envoi dans l'évaporateur, de l'acide sulfureux liquide se fait par une petite pompe que l'on peut, en quelque sorte, comparer à une pompe d'alimentation de chaudière. Cette pompe demande à être de construction spéciale pour assurer la circulation de l'acide sulfureux liquide. Étant à une température correspondante à la pression qui règne au condenseur, la moindre diminution de pression, le vaporise immédiatement, par suite il n'y a plus d'aspiration. La conduite de refoulement de la pompe demande aussi à être construite spécialement, afin d'empêcher les coups d'eau de celle-ci, les réservoirs de choc à air n'étant pas applicables. La force nécessaire pour actionner cette pompe d'alimentation de SO_2 qui reçoit son mouvement de la machine Abwaerme, est faible; elle est les $^3/_4$% de la force totale de la machine. Dans la machine de l'école, la pompe est actionnée par un excentrique et est placée directement sur le massif de fondation.

La machine fonctionne depuis la fin de septembre 1900, et n'a subi que de courts arrêts. Aucun inconvénient ne s'est manifesté. La machine a été utilisée en partie, pour des essais, et en partie à la production de courant électrique pour l'éclairage de l'école.

Pour la charge des accumulateurs le nombre de tours de la machine s'est élevé par intervalles à 168, sans qu'il se soit présenté de difficultés, par exemple, dans l'étanchéité de la tige du piston et des tiges de soupapes.

Le réglage des machines combinées à vapeur et à SO_2, a répondu à tous les besoins malgré l'adjonction du quatrième cylindre.

Le régulateur de la machine à vapeur, n'agissait que sur l'admission du cylindre à haute pression, tandis que l'évaporateur et le cylindre à SO_2 jouaient, en quelque sorte, respectivement le rôle d'un récipient intermédiaire et d'un cylindre à basse pression. Certaines difficultés éprouvées au début pour l'étanchéité de la tige du piston, ont pu être complétement surmontées.

Seule la garniture molle du presse-étoupe de la tige du piston n'est pas encore tout á fait satisfaisante comme durée. Il est nécessaire de remplacer en partie, la matière employée comme garniture tous les 15 à 20 jours; seul ce léger inconvénient demandera encore des recherches.

Machine Abwaerme de 175 chevaux, aux usines centrales B. E. W. (Berliner Elektricitaetswerke) — Markgrafenstrasse.

Dans l'installation de l'école polytechnique le cylindre à SO_2 est accouplé à la machine à vapeur avec laquelle il forme un groupe unique, tandis que la machine de 175 chevaux, de l'usine centrale de Berlin, située Markgrafenstrasse, constitue une machine indépendante par elle-même.

Fig. 7.

Machine Abwaerme de 175 chevaux, de l'Usine centrale électrique de Berlin, Markgrafenstrasse.

L'Usine est, comme on le sait, la plus ancienne des usines électriques de Berlin, et comprend des unités relativement petites. — Il y a des machines compound verticales de 360 chevaux chacune construites par Mr. van den Kerkhove de Gand.

Les machines consomment environ 8,2 kgs. de vapeur par cheval et par heure, de sorte que vraisemblablement on peut, avec la vapeur d'échappement d'une machine, actionner une machine Abwaerme, d'une force d'environ 175 chevaux-vapeur.

La machine a été construite par les Ateliers de constructions mécaniques et de fonderie de Berlin, ci-devant J. C. Freund & Cie., et sert à actionner directement une dynamo qui, comme les autres machines dynamo-électriques, alimente le réseau de Berlin (B. E. W.). La machine est à un seul cylindre du diamètre de 450 mm, avec une course de 500 mm; à 130 tours par minute elle développe une force de 150 chevaux effectifs. — La machine est représentée figure 7.

Fig. 8.

Fig. 9.

L'emplacement mis à la disposition de la machine est très restreint, bas, sans air ni lumière, car immédiatement au-dessus sont installées les chaudières à vapeur de l'usine. Les figures 8 et 9 représentent la machine et le condenseur montés dans la salle des machines. Si l'on s'est décidé cependant, en présence de ces conditions locales défavorables, à faire cette installation, c'est une preuve que l'étanchéité des appareils ne laisse rien à désirer.

La machine motrice est de construction robuste. Au bâti à fourche est raccordé le cylindre soutenu par une maçonnerie indépendante. Le corps du bâti présente une sorte de lanterne pour recevoir de long presse-étoupe et en rendre la visite facile.

Pour la distribution de vapeur on n'a employé qu'un seul tiroir cylindrique commandé par un excentrique relié à un régulateur du genre axial. L'arbre à manivelle coudé porte l'embrayage de l'arbre de la dynamo, arbre sur lequel sont montés l'induit et le volant.

La pompe à acide sulfureux est installée sous le sol. Elle est actionnée par une bielle à l'aide d'une manivelle montée sur le bout de l'arbre qui est soutenu à cet endroit par un palier spécial. Le régulateur renfermé dans un tambour n'a pour but que d'empêcher la machine de s'emballer lorsqu'elle vient à être subitement déchargée. Il est réglable au repos, pour une admission maxima quelconque, et il n'agit que quand le nombre de tours normal a été légèrement dépassé, en réduisant exclusivement l'admission.

Un réglage proprement dit n'a pas lieu et est inutile, parce que les dynamos de la machine à vapeur et de la machine Abwaerme travaillent sur un réseau commun et suivent les mêmes fluctuations. L'évaporateur de la machine à SO_2 joue ici le rôle d'un réservoir intermédiaire. Il permet des variations de tensions de la vapeur de SO_2 dans certaines limites.

Un simple dispositif de sûreté empêchant l'emballement de la machine Abwaerme, suffirait dans ce cas. — Le régulateur a été adjoint à la machine pour faire également des essais de réglage automatique.

L'élévation de pression dans l'évaporateur, au-dessus de 15 atm., est prévenue par des soupapes de sûreté qui s'ouvrent dans le condenseur.

Il y a un évaporateur et deux condenseurs. La division en deux parties du condenseur était devenue nécessaire en raison de la difficulté d'accès de la salle des machines, car un appareil unique n'aurait pu y être installé.

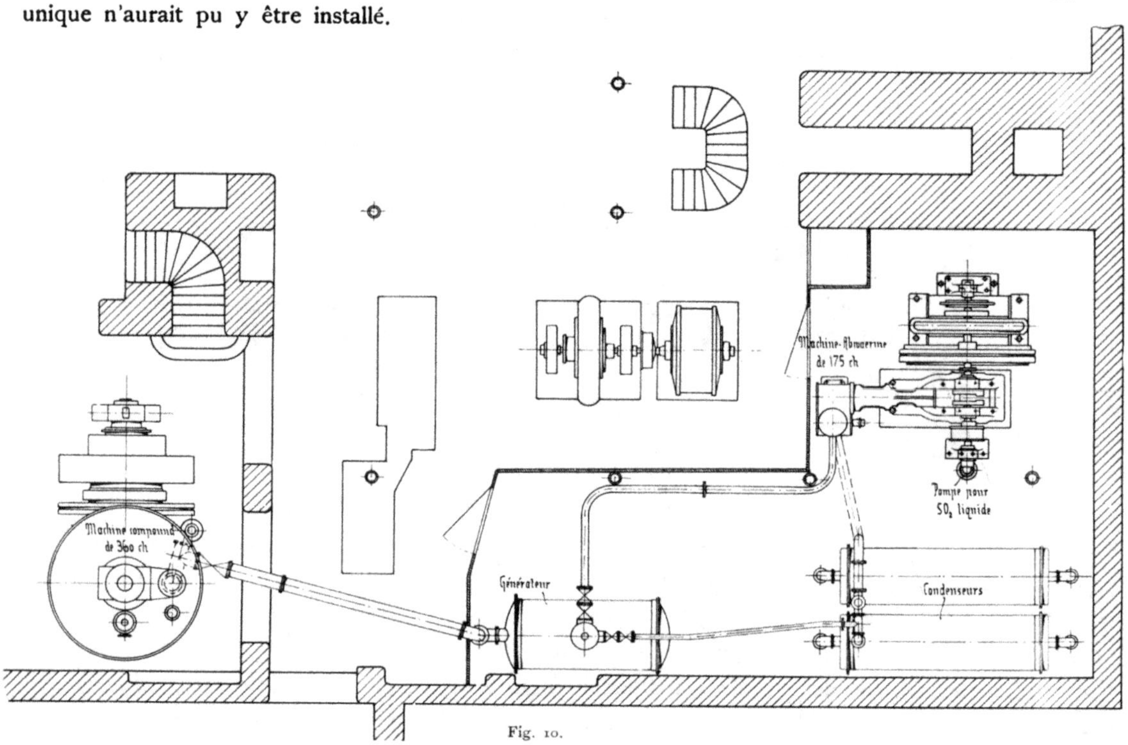

Fig. 10.

Pour évacuer de l'évaporateur le produit de la condensation de la vapeur à eau, on utilise la pompe à air du condenseur à jet de la machine à vapeur, en lui faisant aspirer une petite quantité d'eau de réfrigération sortant des condenseurs à SO_2. Étant beaucoup trop grande pour le dispositit de la maschine Abwaerme, elle fonctionne mieux de cette manière. En plus de sa simplicité, cette disposition présente encore cet avantage, qu'en cas d'avaries dans la machine Abwaerme, la machine à vapeur peut fonctionner avec son condenseur à jet, par le simple jeu d'une vanne.

Pour le condenseur à SO_2, on ne dispose que de l'eau dont on se servait auparavant pour la machine à vapeur. Cette eau est, comme dans presque toutes les usines d'électricité B E. W., tirée de puits profonds et accuse une température uniforme de 10^0 environ.

La disposition d'ensemble de la machine Abwaerme avec les appareils à surface et la machine à vapeur est représentée figure 10.

Résultats des essais de la machine de l'école polytechnique.

Pendant une marche de six mois de cette machine on a procédé à un grand nombre d'essais. On a commencé par déterminer le travail supplémentaire obtenu dans différentes conditions, par la machine Abwaerme, puis les proportions relatives les plus favorables de la machine à vapeur et de la machine SO_2, enfin la consommation de vapeur minima de la machine combinée.

Les essais furent faits peu de temps après la mise en marche de la machine, mais ils n'ont de valeur pratique qu'après un service prolongé afin d'obtenir des résultats réellement industriels.

La mise à exécution des essais fut facilitée par le dispositif de la machine à vapeur existant dans le laboratoire. Ils furent toujours commencés au moment où la machine offrait la meilleure garantie de marche normale, c'est à dire au bout de 3 à 4 heures de service.

La charge était constituée par une dynamo à courant continu, type F. 800 de la A. E. G. travaillant sur une résistance de lampes à incandescence. A la vitesse de 150 tours par minute elle donnait 400 ampères et 240 volts, on pouvait surcharger par moments de 40% et plus, de sorte que le travail obtenu avec le cylindre à SO_2 était absorbé par la dynamo. L'énergie électrique fournie a été mesurée au voltmètre et à l'ampèremètre du tableau.

La consommation de vapeur directe de la machine à vapeur, c'est à dire la consommation en vapeur d'échappement de la machine Abwaerme, a été déterminée en pesant l'eau de condensation provenant du condenseur de la machine à vapeur, c'est a dire de l'évaporateur de la machine à SO_2.

L'eau de condensation provenant des chemises de vapeur et des récipients intermédiaires de la machine à vapeur qui n'était pas envoyée à l'évaporateur pour y utiliser sa chaleur, et l'eau de condensation des purges ont été pesées à part.

Dans les donnés relatives à la consommation de vapeur d'échappement de la machine Abwaerme, il n'a pas été tenu compte du fait que la vapeur d'échappement sortant du cylindre à basse pression de la machine à vapeur accuse une certaine teneur en eau. Les chiffres communiqués sont par conséquent corrects pour l'appréciation pratique de la consommation de vapeur d'échappement dans la machine à SO_2, mais ils sont cependant trop élevés pour le calcul thermique de la consommation en calories, notamment dans les cas où l'eau de condensation de la double enveloppe était envoyée à l'évaporateur.

3*

Cela nous mènerait trop loin de publier les résultats de tous les essais faits avec cette machine. Il suffira de n'en donner que quelques-uns des plus caractéristiques. On trouvera ces renseignements sur le tableau ci-après. Il contient toutes les données essentielles, les valeurs moyennes des lectures faites et des diagrammes relevés toutes les 10 minutes.

Avant la mise en service, la machine à vapeur (Görlitz) fut remise en état, les soupapes furent rodées, etc. Dans le but de réduire autant que possible la consommation de vapeur de cette machine, de façon à pouvoir déterminer les avantages à obtenir sur une excellente machine à vapeur, on a travaillé avec une surchauffe élevée (300° environ). Dans les premiers essais (a, b et c), la tension des vapeurs de SO_2 a éte choisie de telle sorte, que tout en maintenant encore un vide suffisant dans le condenseur de la machine à vapeur, on obtenait des diagrammes irréprochables avec le cylindre à SO_2.

La consommation de vapeur minima de la machine à vapeur seule, obtenue dans ces essais (essai b), a été de 5 kgs. par cheval et par heure.

Ce faisant, la machine Abwaerme, donnait encore 34,2 % du travail de la machine à vapeur. La consommation de vapeur par cheval et par heure de la machine combinée se trouva réduit à cause du travail fourni par le cylindre à SO_2, à **3,74** kgs.; les deux autres essais diffèrent peu de celui-ci.

Ce résultat doit être considéré comme extrêmement favorable, notamment si l'on considère que la machine n'a développé qu'une force totale de 218 chevaux.

A titre de renseignement comparatif on peut ajouter qu'à surchauffe égale de 300°, les nouvelles machines à vapeur de 3000 chevaux installées à l'Usine centrale d'Électricité de Berlin, Luisenstrasse, consomment 4,3 kgs. de vapeur par cheval et par heure.

En conséquence la consommation de 3,74 kgs. par cheval et par heure, pour une machine de 200 chevaux, constitue un progrès important.

Les essais furent repris en février, après une plus longue période de service de la machine, afin d'obtenir des résultats effectivement pratiques (essai 3 et suivants) Dans ces essais la consommation de la machine à vapeur a été plus élevée qu'auparavant. La vérification d'étanchéité moins bonne des cylindres à haute et moyenne pression, faite après les essais, a permis de constater que les soupapes de ces cylindres ne donnaient plus une fermeture tout à fait hermétique. Pendant la période de service, précédant le dernier essai, la machine avait été alimentée avec de la vapeur surchauffée. On voulait voir comment elle se comportait pour un service régulier avec une surchauffe élevée; le defaut d'étanchéité des soupapes constaté plus tard, peut probablement être attribué à l'emploi de la vapeur surchauffée. Des résultats analogues ont été constatés pour les grandes machines des usines électriques de Berlin, avec de la vapeur fortement surchauffée.

Dans les soupapes du cylindre à SO_2, il a été également constaté un certain défaut d'étanchéité, que l'on peut attribuer à un guidage inexact des soupapes. En conséquence la consommation en vapeur d'échappement de la machine Abwaerme est également un peu plus élévée que dans les essais précédents. Quant à la pression à choisir au condenseur à vapeur, c'est à dire, dans l'évaporateur, nous sommes partis de cette idée que l'adjonction de la machine Abwaerme ne devait pas nuire au rendement propre de la machine à vapeur, que celle-ci devait par conséquent fonctionner avec un bon vide.

No. de l'essai	a.	b.	c.	3.	4.	5.	6.	7.	8.	9.	10.	11.	12.
Date de l'essai	25. 10. 00	21. 11. 00	23. 11. 00	12. 2. 01	14. 2. 01	14. 2. 01	15. 2. 01	15. 2. 01	16. 2. 01	20. 2. 01	20. 2. 01	21. 2. 01	21. 2. 01
Conditions de marche de la machine	La Machine à vapeur marche à triple expansion									La Machine à vapeur marche à double expansion			
	Eau provenant des purgeurs dirigée dans l'évaporateur							dirigée vers l'écoulement	Eau provenant des purgeurs dirigée dans l'évaporateur				
	Vapeur directe surchauffée								Saturée à sec	Vapeur directe surchauffée			
				avec vide élevé								avec faibles quantités d'eau de réfrigération	à demi force
Nombre de tours par minute	139,6	136,3	143,5	137,4	145	145	148	148	149	137	148	137	146
Nombre de Volts de la dynamo	210	189,5	210	191	209	212	231	230	230	208,5	235,8	210	230
Nombre d'Ampères de la dynamo	502	529	584	414,5	579	576,4	610	610	609,5	508,7	531	470	272
Machine à vapeur d'eau — Températures — Admission de vapeur directe	279°	309°	310°	306°	302°	304°	310°	301°	189,5°	332°	326°	332°	330°
Pression de la vapeur — Tension d'admission dans le Cyl. à H^te^ Pr. Kgs. par cm²	9,6	11,0	11,1	11	11	11	11	11,1	11	11,7	11,5	11	11
Pression de la vapeur — Vide du Condenseur en %	80	80,5	70	85	79,5	69	68,5	68,5	68,2	73	69,1	70,2	75,2
Force indiquée en ch. — Cylindre à haute pression	60	56	69,7	41,5	60,5	64,5	77,7	77,3	60,1	78,7	88	75	51,6
» à moyenne pression	44	36,3	43,8	31,8	43	41,7	43,1	45,7	48	—	—	—	—
» à basse pression	30	34,8	43,0	29,8	44	40,4	43,6	42,7	50,6	45	54,6	44,4	32,1
Machine complète	134	127,1	156,5	103,1	147,5	146,6	164,4	165,7	158,7	123,7	142,6	119,4	83,7
Consommation de vapeur en kgs. p. heure — Eau sortant de l'évaporateur	749	637	853	664,5	898	904,5	967,5	805	1162	748	855	731	543
Cond. dans la double enveloppe et les receivers	—	—	—	—	—	—	—	166,3	—	—	—	—	—
Condensation totale	749	637	853	664,5	898	904,5	967,5	971,3	1162	748	855	731	543
Par cheval indiqué	5,6	5,0	5,45	6,45	6,07	6,2	5,87	5,86	7,3	6,05	5,98	6,12	6,48
Machine Abwaerme — Températures — Vapeur SO_2 à l'entrée dans le cylindre	55,6°	56,5°	66,5°	50,4°	59,5°	69,5°	68,9°	70,5°	67,5°	67,1°	68,6°	67,9°	64,4°
SO_2 Liquide à sa sortie du condenseur	19,0°	18,8°	19,8°	18°	20,3°	19,8°	20,0°	18,7°	21,1°	18,1°	19,4°	24°	18,4°
Eau de réfrigération à son entrée	9,8°	9,9°	9,9°	10,1°	10,1°	10,1°	10,1°	10,1°	10,1°	10,1°	10,1°	10,0°	10,0°
Eau de réfrigération à sa sortie	15,5°	15,7°	16,9°	15,7°	17,75°	17,4°	17,46°	16,7°	18,44°	16,25°	17,4°	24,8°	17,2°
Pression de SO_2 kgs. m² — Dans l'évaporateur	9,3	9,0	12,1	7,8	10	13,2	13,1	13,5	12,7	12,5	12,9	12,7	11,6
dans le condenseur	2,2	2,35	2,45	2,28	2,5	2,5	2,55	2,4	2,71	2,34	2,44	3,25	2,33
Force en ch. — Indiqué	46	43,5	57,7	31,5	50,8	58,5	62,2	55,5	67	48,7	56,5	41,4	31,1
en % du travail de la machine à vapeur	34,4	34,2	37	30,5	34,5	40	37,9	33,3	42,1	39,4	39,5	34,6	37,2
Consommation de vap. d'echappement ch. et par heure kg — **Eau de Condensat. de la double enveloppe et des récipients (rec.)** dirigée dans l'évaporateur	16,3	14,6	14,8	21	17,65	15,47	15,6	—	17,4	15,4	15,1	17,7	17,45
dirigée vers l'écoulem.	—	—	—	—	—	—	—	14,5	—	—	—	—	—
Machine combinée — Force en chevaux — Indiquée	180	170,6	214,2	134,5	198,3	205,1	226,6	221,2	225,7	172,4	199,1	160,8	114,8
Effective	154	146	180	116	177	179	206	205	204	153	183	144	91
Eléctrique	143	136	167	108	165	166	192	191	190	144	170	134	85
Consommation de vapeur par cheval indiquée par heure en kgs.	749	637	853	664,5	898	904,5	967,5	971	1162	748	855	731	543
Consommation de vapeur par cheval indiquée par heure en kgs.	4,15	3,74	3,98	4,92	4,52	4,40	4,26	4,36	5,15	4,33	4,28	4,54	4,73
Quantité d'eau de réfrigération en litres — Au total par heure	—	53 000	59 500	—	56 500	51 500	56 400	57 300	60 500	55 200	54 800	23 800	37 000
par heure et chev. indiqué de la machine comb.	—	310	278	—	298	250	249	258	268	320	275	147	322
Rendement mécanique — Force électrique ÷ en chev. indiqués	79,5	80,1	78	80,4	82,8	81	84,5	86	84,2	83,5	85,5	83,5	74
Ch. effect.*) ÷ Ch. indiqués	85,5	86,2	83,8	87,5	89,1	87	90,8	82,5	90,5	89,8	92	89,8	79,5

* Rendement de la dynamo évalué à 93 %.

On sait que les constructeurs de machines à vapeur, dans leurs essais de garantie, maintiennent le vide dans le condenseur, autant que possible à 90%.

Il fallait donc d'abord admettre que le gain réalisable par la machine Abwaerme, ne devait pas être obtenu au détriment de la machine à vapeur, en rendant le vide de celle-ci moins élevé. Cependant il est un fait connu que dans le cylindre à basse pression des machines à vapeur, la condensation est très notable, surtout en présence d'un vide élevé. En règle générale, on constate qu'en pratique on ne travaille guère qu'avec un vide moyen de 80%, car on ne peut pas atteindre partout 90%. Beaucoup d'ingénieurs sont ailleurs d'avis que c'est le premier vide de 80% qui est le plus économique. Il s'agissait donc de déterminer par des essais, comment le résultat d'ensemble de la machine combinée varie avec les différents degrés de vide. On a d'abord fait marcher l'installation au vide maximum, auquel le cylindre à SO_2 pouvait encore admettre toute la vapeur de SO_2 produite. Le cylindre ayant été calculé en supposant un vide moyen de 75%, la pression au condenseur ne pouvait être réduite davantage qu'autant que le cylindre à vapeurs froides pouvait encore, en présence d'une admission maxima, recevoir les vapeurs de SO_2 produites par l'évaporateur. Tel était le cas avec 85% de vide.

C'est dans ces conditions que l'on a fait l'essai 3 dans lequel on a pu obtenir un rendement supplémentaire de 30,5%, avec le cylindre Abwaerme, malgré sa grande admission (faible détente). Néanmoins, afin de déterminer, en vue de la comparaison, la consommation de vapeur de la machine à vapeur seule avec un vide de 90%, on a procédé à un autre essai (ne figurant pas au tableau) dans lequel les vapeurs de SO_2 produites et non absorbées entièrement par le cylindre à SO_2 même avec admission maxima, ont été dirigées directement de l'évaporateur au condenseur, en leur faisant faire un détour, et en en modérant la pression. Dans cet essai à 175,7 ch. indiqués pour la machine à vapeur avec une surchauffe de 304°, à 145 tours par minute et 92% de vide, la machine à vapeur à elle seule a consommé 5,72 kgs. de vapeur par cheval indiqué et par heure.

On peut comparer ces résultats à ceux de l'essai 6, faits avec 68,5% de vide, à peu près dans les mêmes conditions. La consommation de vapeur atteint 5,87 kgs. pour la machine à vapeur. L'amélioration du vide de 68,5% à 92%, dernière limite pratique pouvant être atteinte, n'a produit qu'une baisse de 5,87 kgs. à 5,72 kgs., soit seulement 0,12 kgs. de vapeur, par cheval indiqué et par heure.

On voit donc que le degré du vide maintenu entre les limites de 70 à 90% est d'une influence pas trop signifiante sur la consommation spécifique de vapeur d'une machine à vapeur. Les essais comparatifs suivants ont en conséquence été faits avec un vide de 80% à 70%. Les résultats de ces essais ont été reproduits aux No. 4 et 5. Dans ces deux essais la machine fonctionna exactement à la même force et dans les mêmes conditions, d'abord avec un vide de 80%, puis avec un vide de 70%. Dans le premier cas les vapeurs de SO_2 avaient une pression de 10 kgs., et dans le second une pression de 13,2 kgs. Quoique les pertes de charge de la machine Abwaerme soient plus grandes avec des tensions de vapeur de SO_2 plus élevées, par suite du poids spécifique plus élevé de ces vapeurs, il n'en résulte pas moins que le résultat le plus favorable a été obtenu avec un vide moindre. Par exemple dans l'essai 4, la consommation de vapeur de la machine combinée a été, pour un vide de 79,5%, de 4,52 kgs. par cheval indiqué et par heure, tandis que dans l'essai 5, avec un vide de 69%, mais dans des conditions analogues, elle est descendue à 4,40 kgs.

L'essai 6, qui est une répétition de l'essai 5, avec une puissance un peu plus grande, a présenté une diminution de consommation spécifique de vapeur, de 6,2 kgs. à 5,87 kgs. pour la machine à vapeur et pour l'ensemble de la machine de 4,4 kgs. à 4,26 kgs.

Plusieurs essais de vérification ont toujours donné le même résultat, c'est à dire que la consommation de vapeur de la machine combinée a toujours été moindre avec un vide moindre

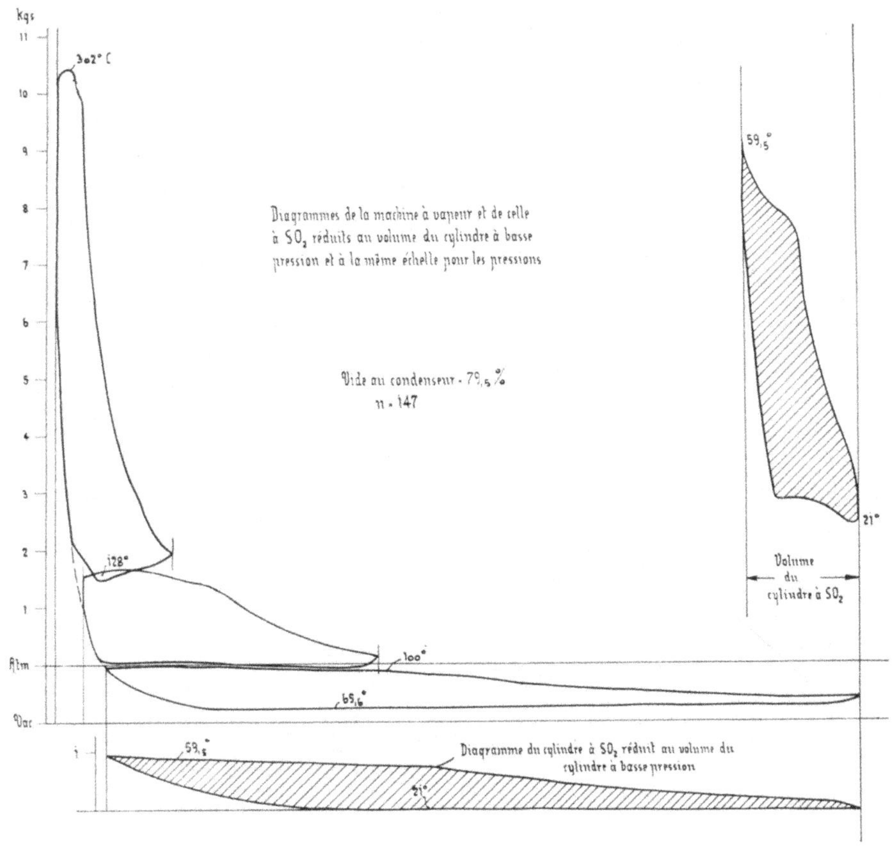

Fig. 11.

(70%). C'est là un résultat remarquable qui peut être expliqué. Avec un vide moindre, c'est à dire en présence de petites chutes de température dans le cylindre à basse pression, les pertes par condensation dans ce dernier diminuent notablement, tandis que le rendement plus faible du cylindre à basse pression est non seulement compensé, mais encore dépassé par le rendement plus élevé du cylindre à vapeur froide.

Quant à savoir si la limite la plus favorable se trouve juste entre 68 et 70% de vide, c'est ce qui n'a pas pu être déterminé par les essais, attendu qu'on ne pouvait pousser la pression au delà de 15 Kgs. par cm²., dans le cylindre à basse pression.

Il n'est pas impossible qu'un résultat d'ensemble encore plus favorable ait pu être atteint, si l'on avait pu abaisser le vide au-dessous de 70 %.

Ces résultats confirment encore que la condensation dans le cylindre de la machine à SO_2 doit être très faible, attendu que la chute de température dans le cylindre à vapeurs froides, lorsqu'on travaille à 70 % de vide, est plutôt un peu supérieure à celle qui se produit dans le cylindre à basse pression. Autrement on ne pourrait s'expliquer le meilleur résultat d'ensemble.

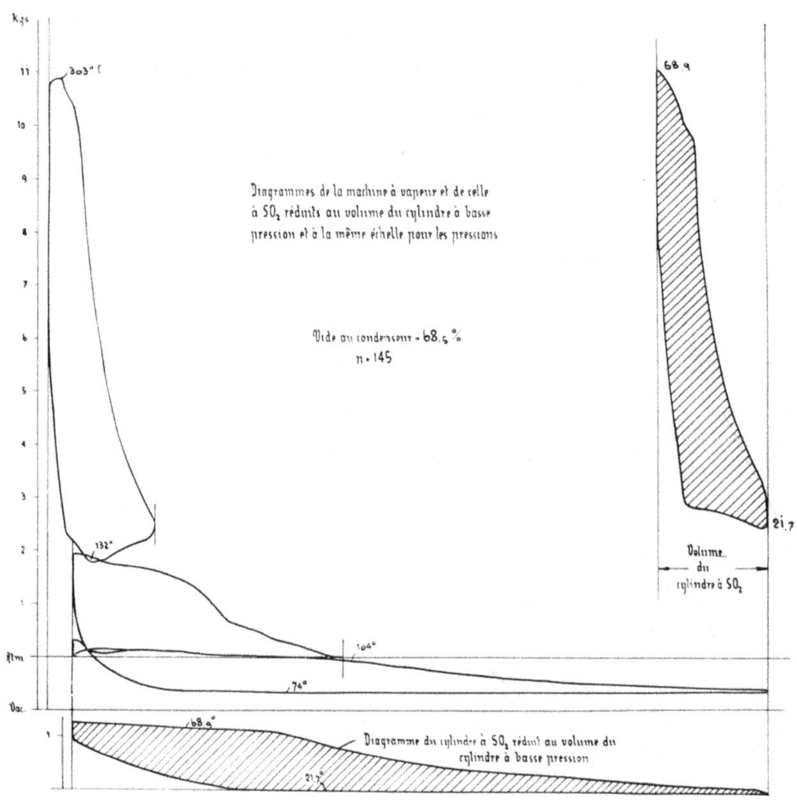

Fig. 12.

Je dois rappeler ici que la faible condensation dans le cylindre à vapeur froide a déjà pu être constatée avec la première machine en notant exactement le travail de la pompe à acide sulfureux.

Les diagrammes pris au cours des essais 4 et 6 sur la machine à vapeur et sur la machine Abwaerme sont représentés respectivement figures 11 et 12, à une même échelle des ressorts, et rapportés au cylindre à basse pression de la machine à vapeur.

Le diagramme de la machine Abwaerme correspond dans les deux figures à la chute de température de la machine combinée et au volume du cylindre à basse pression; il est dessiné sous le diagramme de basse pression et reproduit en outre à droite, avec les pressions réelles et le volume réel du cylindre. Ces diagrammes permettent de reconnaître facilement la quantité de travail gagnée avec le cylindre à vapeur froide, comparativement par exemple au rendement du cylindre à basse pression.

Une appréciation exacte de la distribution de la vapeur dans la machine ressort des diagrammes relevés à l'indicateur, au cours de l'essai 6; ceux de la figure 13 correspondant à la machine à vapeur, et ceux de la figure 14 à la machine à SO_2.

Ainsi que nous l'avons dit dans le précédent compte rendu, la proportion du travail qui peut être obtenu avec la machine Abwaerme, dépend de la consommation spécifique de vapeur de la machine à vapeur avec laquelle elle est combinée. C'est ce qui a également été confirmé par les nouveaux essais.

Avec la consommation de vapeur relativement importante relevée dans l'essai 8, où l'on a marché avec de la vapeur saturée, le rendement du cylindre à vapeur froide, s'éleva jusqu' à 42,1 % par rapport à la machine à vapeur.

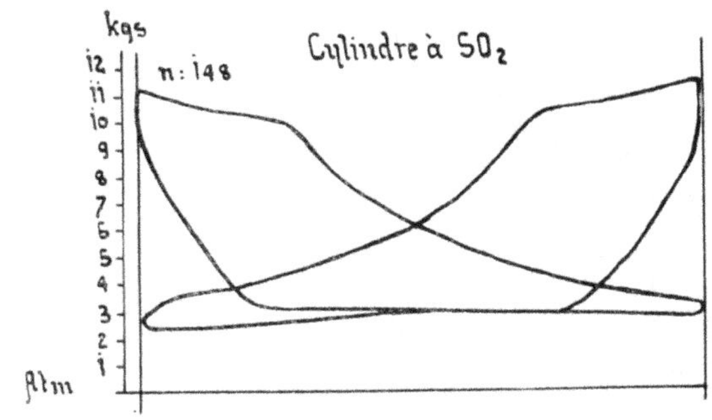

Fig. 13.

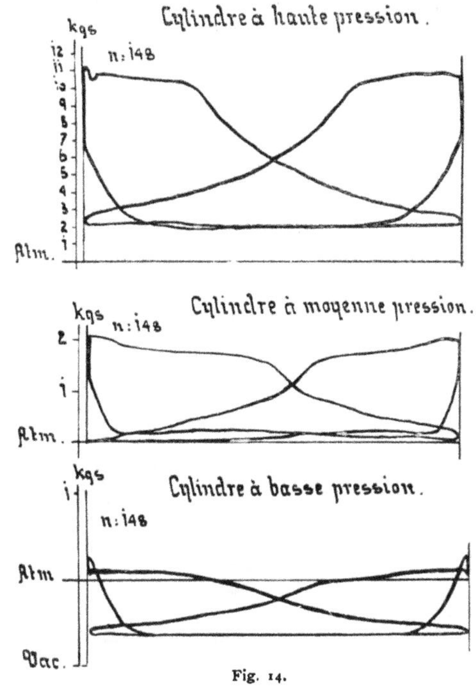

Fig. 14.

C'est la consommation de vapeur d'échappement de la machine Abwaerme, qui en général doit servir de base pour estimer le rendement à obtenir avec celle-ci.

Il est important de considérer pour la consommation de vapeur d'échappement de la machine à SO_2 la pression admise dans l'évaporateur, c'est à dire le degré de vide dans le condenseur de la machine à vapeur.

Il ressort de la courbe représentée figure 1, que de légères variations de température, quelques degrés seulement, donnent lieu à des variations de pression de plusieurs atmosphères des vapeurs de SO_2.

A 80 % de vide par exemple, les vapeurs de SO_2 ont une tension de 11 kgs. par cm^2 et à 70 % elles accusent déjà une tension de 14 kgs. par cm^2. En conséquence la consommation spécifique de vapeur d'échappement de la machine à SO_2 est plus faible dans le deuxième cas que dans le premier.

Dans les essais on a obtenu dans la machine Abwaerme 1 cheval vapeur par chaque quantité de 17,65 kgs. et 15,47 kgs. de vapeur consommée par la machine à vapeur, en y ajoutant l'eau de condensation provenant des enveloppes et des récipients intermédiaires (Purgeurs) et introduite dans l'évaporateur.

Dans l'estimation de la consommation de vapeur d'échappement de la machine à SO_2, il faut encore tenir compte des grandes pertes de charge dans les conduites de SO_2.

Le poids spécifique de ces vapeurs, notamment à des pressions élevées, est beaucoup plus fort que celui de la vapeur d'eau.

En conséquence, les pertes de charge dans les conduites sont aussi notablement plus grandes avec les vitesses ordinaires que l'on rencontre dans les machines à vapeur.

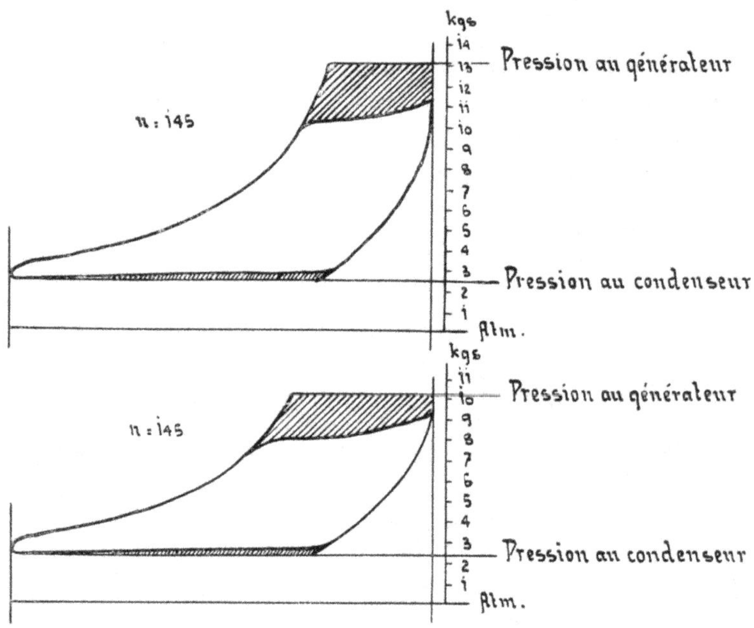

Fig. 15.

Les pertes de charge dans la machine Abwaerme de 60 chevaux, et les pertes de travail qui s'en suivent se voient dans les diagrammes de la figure 15.

La chute de pression dans la conduite d'échappement des machines à environ 3,5 atmosphères n'est que de 0,4 atm. par rapport à la tension du condenseur, elle s'élève avec une pression de 10 atm. dans l'évaporateur à près de 2 kgs, le nombre de tours restant le même.

C'est pourquoi les pertes de travail (indiquées par les parties hachurées des diagrammes) et provoquées par les chutes de pression, sont également importantes.

Elles sont de 16 à 24% dans les diagrammes communiqués.

Les grandes chutes de tension des vapeurs de SO_2 ont déjà été observées dans la première machine d'essai; et c'est pour cette raison que dans cette machine nous avons adopté des vitesses de vapeur faibles entre l'évaporateur et le cylindre.

Les essais permettent cependant d'affirmer que c'est encore insuffisant, et qu'en réduisant davantage la vitesse de la vapeur, en agrandissant les sections et en intercalant un réservoir immédiatement avant le cylindre, on pourra encore réduire notablement les pertes de tension.

Cependant si dans ces essais on a pu avec la machine Abwaerme à la vitesse de 150 tours par minute et un vide de 80%, obtenir une force de 1 cheval vapeur indiqué par heure, pour une dépense de 14,6 kg de vapeur d'échappement c'est là un progrès réel par rapport à la première machine d'essai.

On peut donc admettre qu'avec de plus grandes machines Abwaerme on pourra encore réaliser des progrès; on modifiera les conditions de condensation dans le cylindre à vapeur froide, et on admettra, des chutes de tension plus faibles aux vapeurs de SO_2. On produira ainsi certainement un cheval vapeur indiqué pour une dépense de 14 kg de vapeur par heure.

La consommation de vapeur d'échappement par cheval indiqué de la machine à vapeur froide constatée au cours des essais, correspond à une dépense d'environ 7800 calories par heure, c'est un résultat favorable en comparaison de la faible chute de température de la machine Abwaerme, surtout si l'on considère que la machine à vapeur avec laquelle elle a été combinée accuse une chute de température de 120° et une dépense spécifique de 3700 calories.

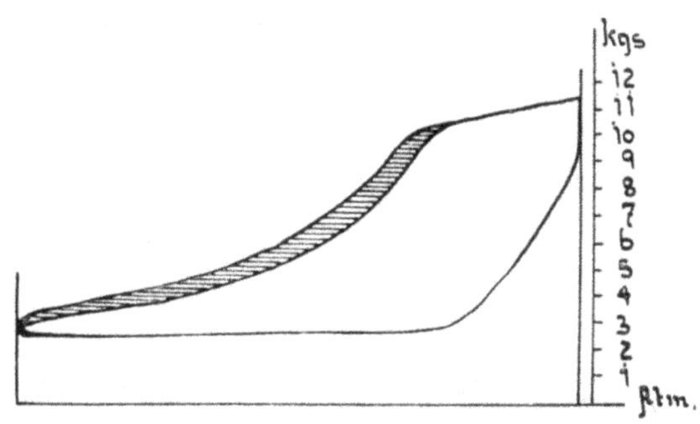

Fig. 16.

Un autre gain de force motrice, quoique faible, peut être obtenu dans la machine Abwaerme, par l'utilisation de la chaleur de l'eau de condensation provenant de l'enveloppe de vapeur et des purgeurs de la machine à vapeur. Des essais comparatifs précis ont également été faits à ce point de vue. Les résultats 6 et 7 sont représentés par les diagrammes figure 16. La surface hachurée donne l'accroissement de travail du diagramme des vapeurs froides obtenu dans des conditions identiques, avec l'introduction de cette eau de condensation dans l'évaporateur. En pratique, l'envoi de l'eau de condensation dans l'évaporateur peut être considéré comme excellent, car les pertes de vapeur résultant des fuites éventuelles dans les purgeurs, etc. peuvent être compensées par le gain réalisé pour la machine à vapeur froide.

On pouvait faire valoir contre l'introduction de cette eau condensée dans l'évaporateur qu'elle devrait être à plus juste titre renvoyée à la chaudière. Je réprondrai à cela que la température du produit de condensation extrait de l'évaporateur par la pompe à air s'élève, suivant la pression qui règne dans le condenseur, à 60 ou 70°, ce qui permet de l'utiliser avantageusement pour l'alimentation de la chaudière à vapeur.

Voilà un autre avantage que présente la machine à vapeur et à SO_2 sur les machines à vapeur ordinaires, avantage qui se traduit par une économie de charbon d'environ 7%, attendu qu'avec les condenseurs des machines à vapeur ordinaires, et notamment lorsqu'on veut obtenir un vide de 90%, les produits de la condensation doivent être évacués à l'état froid.

Lorsque l'on alimente la machine à vapeur avec de la vapeur surchauffée, la consommation relative de vapeur d'échappement de la machine Abwaerme est un peu inférieure à celle que l'on constate, lorsqu'elle fonctionne avec de la vapeur saturée.

En effet avec la vapeur surchauffée, la condensation dans la machine à vapeur est moindre, le nombre de calories contenu dans la vapeur d'échappement sortant du cylindre à basse pression est plus grand que lorsqu'on marche avec de la vapeur saturée. On peut en conclure que l'emploi de la machine Abwaerme avec des machines à vapeur suchauffée, au lieu d'être inutile est au contraire très opportune.

L'avantage d'une machine compound à triple expansion avec emploi de vapeur fortement surchauffée, est douteux, ou tout au moins très faible.

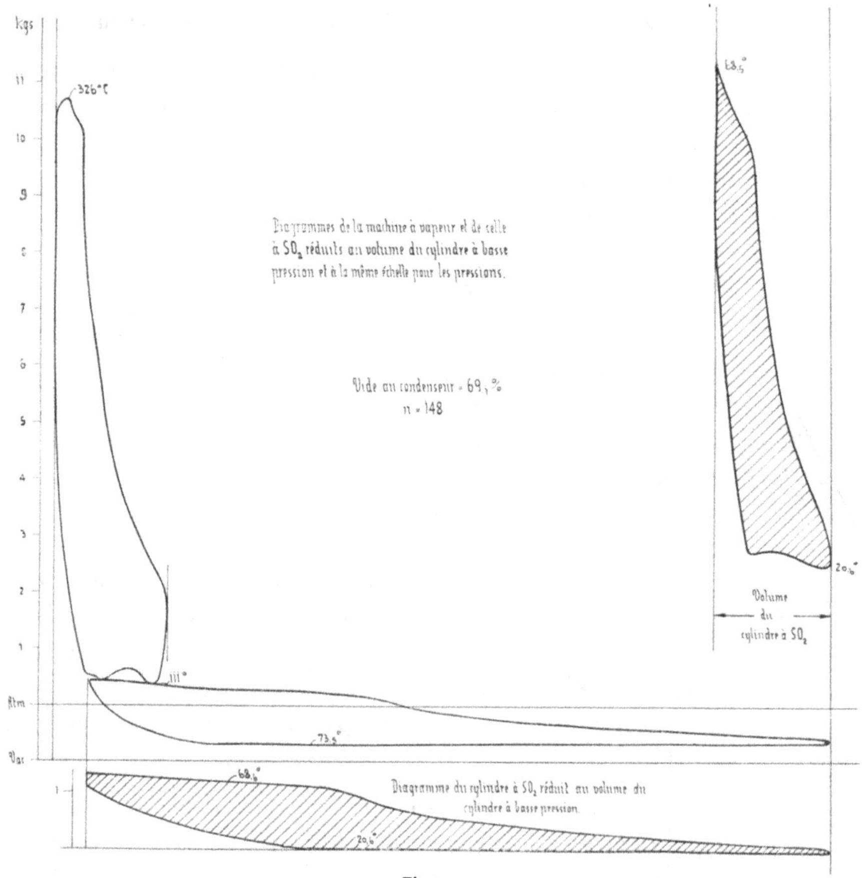

Fig. 17.

Quelques ingénieurs sont d'avis que l'on peut, dans ce cas, arriver au même résultat avec une machine compound à double expansion. Si l'on considère que dans nos essais, la vapeur surchauffée à 300° avant son admission dans le cylindre à haute pression, accusait encore une surchauffe de 20 à 30° à son entrée dans le cylindre à moyenne pression, il est admissible de supposer qu'avec une surchauffe plus élevée, une machine compound à double expansion puisse travailler presque aussi avantageusement qu'une machine à triple expansion.

Dans le but d'éclaircir cette question, nous avons à certains moments isolé le cylindre à moyenne pression de la machine à vapeur, et fait passer la vapeur du cylindre à haute pression directement dans le cylindre à basse pression.

A cet effet on a procédé aux essais 9 à 12. Le rapport entre le cylindre à haute pression et à basse pression est modifié, le cylindre à haute pression étant devenu trop petit, on a pu cependant, en diminuant l'admission du cylindre à basse pression, et en réduisant la force totale de la machine, obtenir une distribution de vapeur convenable (voir diagramme figure 17).

Ces essais ont démontré que la consommation de vapeur de la machine à deux cylindres utilisant la vapeur surchauffée, etait, malgré une chute de pression notable entre le cylindre à haute pression et le cylindre à basse pression, exactement la même qu'avec la machine compound à triple expansion avec vapeur surchauffée. Si l'on objecte devant ce résultat, que les essais ont été faits sur une machine relativement petite, il n'en reste pas moins établi que si la consommation de vapeur d'une machine compound à double expansion avec vapeur fortement surchauffée, n'est pas égale à celle d'une machine compound à triple expansion, elle n'en diffère cependant pas de beaucoup. Par contre la réduction de consommation de vapeur résultant de l'adjonction d'un cylindre Abwaerme est tellement importante, qu'avec l'emploi de vapeur surchauffée, il sutfit pour des machines combinées, de les établir à double expansion, et une machine semblable ne comporte alors pas plus de cylindres qu'une machine compound actuelle à triple expansion.

Consommation d'eau de réfrigération.

De nombreux côtés on a reproché aux machines Abwaerme de consommer beaucoup plus d'eau de réfrigération que les machines à vapeur. La situation est la suivante.

La quantité de chaleur éliminée par l'eau de réfrigération dans le condenseur de la machine Abwaerme est plus petite que pour le condenseur de la machine à vapeur qui en dépend, attendu qu'une partie de la chaleur de la vapeur d'échappement de la machine àvapeur est convertie en travail dans la machine à vapeur froide, et qu'une partie est éliminée de l'évaporateur.

En outre, pour faire la comparaison des consommations d'eau de réfrigération, il faut prendre une machine d'une puissance correspondante à la machine combinée à vapeur et Abwaerme. La quantité d'eau de réfrigération nécessaire à la machine Abwaerme peut varier d'ailleurs dans de larges limites.

Dans les essais faits à l'école polytechnique, on a en général utilisé la quantité d'eau de réfrigération qui auparavant était envoyée à la machine à vapeur par la même pompe. Il en résultait une élévation de température de 7^0 de l'eau de réfrigération. L'eau du puits marquait 10^0. La température de l'eau à la sortie marquait 17^0. D'où une consommation d'eau de réfrigération d'environ 250 litres par cheval indiqué de la machine combinée. La consommation d'eau de réfrigération d'une machine à vapeur est d'environ 180 litres par cheval indiqué et par heure, soit de 1/3 en moins.

Dés lors il est clair qu'en présence de la faible augmentation de température de l'eau de réfrigération pendant ces essais, quelques degrés en plus ou en moins, doivent influencer considérablement la consommation d'eau, tandis qu'ils n'ont que peu d'effet sur le rendement de la machine à SO_2.

Si l'on admet pour l'eau de réfrigération de la machine Abwaerme une augmentation de 10^0 par exemple, il en résulte une consommation d'eau de réfrigération qui n'est pas plus importante que dans les machines à vapeur.

L'essai il a été pratiqué avec des quantités d'eau beaucoup plus faibles et avec une température à la sortie relativement élevée pour savoir si l'on peut arriver à un résultat acceptable sans réduire notablement le rendement de la machine à SO_2. Il n'a été employé que 147 l. d'eau de réfrigération par cheval indiqué et par heure, soit moins que dans les machines à vapeur.

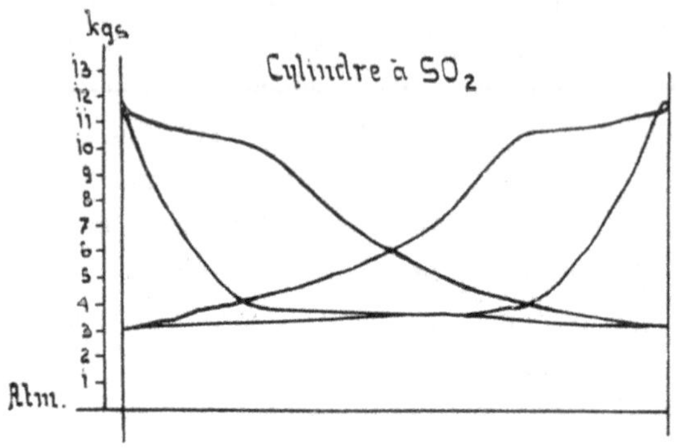

Fig. 18.

La consommation en vapeur d'échappement de la machine à SO_2 a été de 17,7 au lieu de 15 kgs., consommation correspondante à une plus grande quantité d'eau de réfrigération, c'est à dire très peu en plus.

Les diagrammes pris au cours de l'essai 11 sur le cylindre de la machine à SO_2 sont représentés figure 18. On y voit que la marche de la machine est encore bonne; la pression dans le condenseur n'est montée qu'à 3,2 kgs. Si on admet comme base une température moyenne de 15° pour l'eau à son arrivée, celle d'écoulement sera de 25° pour une augmentation de 10°. La quantité d'eau de réfrigération ne sera pas supérieure à celle des machines à vapeur et le conditions de rendement seront presque le mêmes que dans l'essai 11.

Toutefois, si l'on dispose de grandes quantités d'eau de réfrigération, il conviendra d'augmenter la consommation d'eau de réfrigération de 25%.

Par la comparaison avec le machines à vapeur, il y a lieu de remarquer qu'un vide de 90%, aussi ne peut être obtenu que par d'abondantes quantités d'eau froide.

Lorsqu'on se trouvera en présence de conditions particulièrement défavorables quant à l'eau de réfrigération (haute température initiale et faibles quantités d'eau), on aura naturellement à examiner si l'installation d'une machine Abwaerme serait utile. Il serait difficile, notamment lorsqu'il s'agit d'installations avec refroidissement artificiel d'eau de condensation, d'en déterminer les conditions, sans expériences préalables.

La dépense de force nécessaire pour la pompe à eau de réfrigération du condenseur à SO_2, est à peu près la même que celle de la pompe à air d'un condenseur à mélange, en supposant que la quantité d'eau de réfrigération soit la même dans les deux cas. Avec la condensation à jet, on doit faire passer l'eau de réfrigération de la tension du vide à celle de l'atmosphère, (soit environ 8 m de colonne d'eau) tandis qu'avec le condenseur à SO_2 elle doit être aspirée à 5 m, en comptant 3 m en plus pour les résistances intérieures du condenseur, soit également 8 m de hauteur à vaincre.

Grandeur des appareils à surfaces.

Dans la machine de l'École technique supérieure les surfaces de l'évaporateur et du condenseur avaient été largement calculées, en vue des essais, mais la disposition était telle que les surfaces pouvaient être réduites selon les besoins. A ce point de vue, les essais ont démontré que la transmission de chaleur se fait dans l'évaporateur plus facilement et avec moins de pertes que dans le condenseur.

Ainsi la différence de température entre la vapeur d'échappement entrant dans l'évaporateur et la vapeur de SO_2 circulant dans le cylindre à vapeur froide, était d'environ 6 à 7^0, différence dans laquelle sont comprises les pertes dues à l'évaporateur et celles provenant de la perte de charge dans la conduite de vapeur de SO_2.

Ce résultat favorable peut être attribué à ce que la transmission de chaleur se fait ici à une haute température et à ce que des deux côtés des surfaces actives, se produisent des changements d'état physique.

On peut conclure de ces essais qu'il faut pour l'évaporateur compter sur une surface de 0,5 à 0,75 m^2 par cheval indiqué, et sur 2,0 à 2.5 m^2 pour le condenseur.

Ces dimensions supposent une construction spéciale de l'appareil à surfaces, afin d'obtenir une transmission de chaleur relativement élevée.

Nous reviendrons sur la construction des appareils dans une communication ultérieure.

Applications des machines motrices dites Abwaerme.

Machines Abwaerme combinées avec des machines à vapeur.

Il va de soi, que l'on n'emploiera la machine Abwaerme, ni pour de petites machines à vapeur, ni pour celles qui ne fonctionnent que quelques heures par jour. D'une part, la machine à vapeur froide constitue pour les petites installations et pour des durées de marche restreintes, une complication vis à vis de laquelle les avantages économiques ne sauraient être pris en considération; d'autre part, une machine Abwaerme exige de la part du mécanicien des connaissances spéciales. En conséquence, il ne peut être question de l'application de la machine Abwaerme que pour de moyennes ou grandes machines, pour de longues périodes de service.

Comme nous l'avons dit, les machines Abwaerme peuvent être employées de deux manières. Dans un type, on rend le cylindre à SO_2 solidaire de la machine à vapeur, comme pour la machine de l'École technique supérieure de Berlin; dans l'autre disposition, cette machine constitue une installation absolument indépendante, comme dans l'installation de la Markgrafenstrasse.

Le mode de construction de la machine Abwaerme, reunie à une machine à vapeur a déjà été discuté en partie dans le compte rendu des essais.

Comme aujourd'hui on n'emploie presque exclusivement que la vapeur surchauffée dans les grandes installations de machines à vapeur, on pourra prévoir avec avantage, comme le montrent les essais publiés, l'application de la surchauffe à une machine combinée à vapeur et à SO_2. Toutefois, il suffira dans ce cas, de construire la machine à vapeur destinée à être combinée avec la machine Abwaerme, à double expansion et de remplacer le cylindre à moyenne pression des machines à triple expansion par le cylindre à vapeur froide. On peut considérer comme prouvé, qu'avec l'emploi de la vapeur surchauffee, la machine compound à triple expansion n'offre, par rapport à la machine compound à deux cylindres, aucun avantage, ou un avantage si faible qu'il ne saurait être pris en considération, en comparaison du travail supplémentaire obtenu par le cylindre à SO_2 (voir les essais). Les proportions des cylindres à vapeur doivent, dans cette disposition, être un peu différentes de celles qu'on adopte généralement. Du fait que la pression dans le condenseur est plus élevé (env. 0,3 atm. abs. soit 70% de vide), le cylindre à basse pression se trouve notablement réduit comme volume (env. de 30%) par rapport aux machines ordinaires.

Par suite de la pression moyenne élevée de la vapeur de SO_2 au diagramme (env. 3,5 kgs.), le cylindre à vapeur froide a non seulement un diamètre plus petit, mais encore un poids notablement réduit par suite de la suppression de la double enveloppe de vapeur.

Le mécanisme de distribution du cylindre à vapeur froide devra être construit aussi simple que possible, afin d'avoir le moins de réparations possible, car le cylindre à acide sulfureux ne peut être ouvert qu'après avoir évacué l'acide, ce qui entraîne des pertes de temps et d'acide sulfureux. Le mécanisme de distribution étant de construction simple et appropriée, on aura à peine besoin d'ouvrir le cylindre.

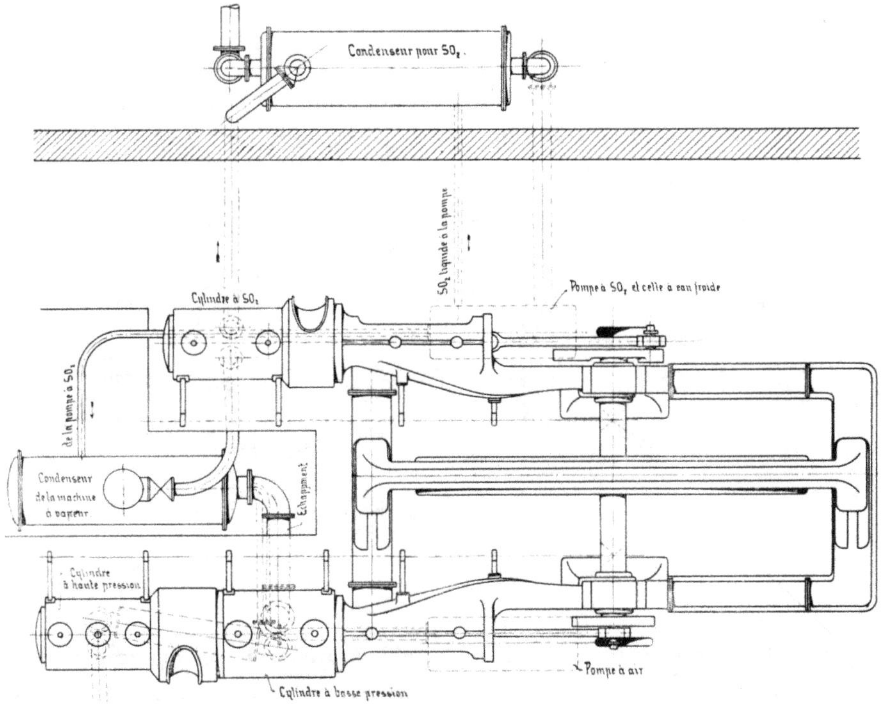

Fig. 19.

Machine combinée à vapeur et à SO_2 d'une force de 1600 ch. indiqués, échelle 1/150 (avec vapeur surchauffée, $n = 72$).

La disposition d'ensemble d'une machine combinée à vapeur et Abwaerme, d'une force normale de 1600 ch. indiqués, construite d'après les indications exposées, est représentée par les figures 19 et 20, qui donnent quelques détails.

L'évaporateur de la machine à SO_2 qui constitue en même temps le condenseur de la machine à vapeur, est à peine plus grand qu'un récipient (reciver) largement calculé, et peut aussi comme tel, et comme dans les machines à vapeur, être disposé sous le sol, tandis que le condenseur peut-être monté dans la salle des machines dans un espace adjacent, ou bien encore sur le toit du bâtiment des machines, selon les circonstances locales.

Cette machine combinée à vapeur et Abwaerme y compris la pompe à acide sulfureux et la conduite à SO_2, devra, si l'on tient compte de la suppression du cylindre à moyenne

5

pression du réservoir intermédiaire et en régard aux faibles dimensions du cylindre à basse pression, pouvoir être installée pour le même prix qu'une machine à vapeur compound à triple expansion de construction ordinaire avec condenseur à mélange. Les frais d'installation de la machine combinée se trouveront augmentés du prix de l'évaporateur et du condenseur. Par contre, les frais d'installation de la chaudière et du surchauffeur se trouveront réduits à cause de la plus faible consommation de vapeur.

Un calcul exact est donné au chapitre suivant.

Avec de grandes machines combinèes de 1200 à 2000 chevaux, on peut espérer d'après les expériences actuelles descendre à environ 3,3 à 3 kgs. de vapeur par cheval vapeur indiqué et par heure.

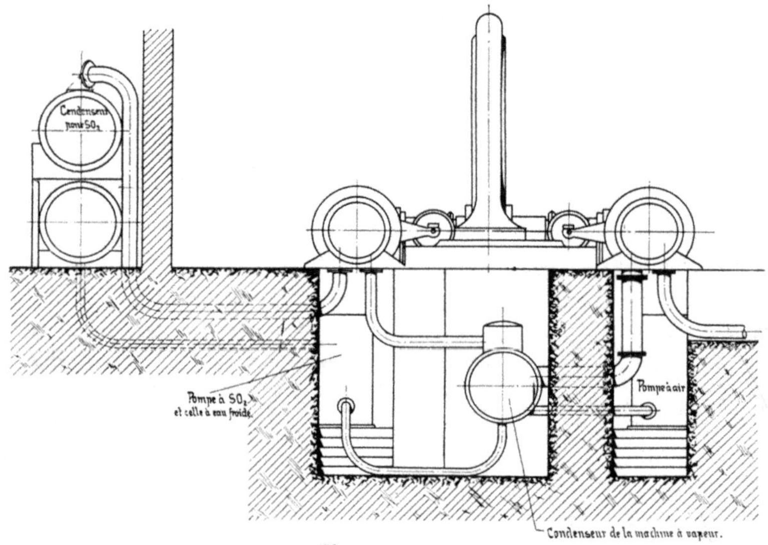

Fig. 20.

En premier lieu, le systéme de machine combinée trouvera son application dans les nouvelles usines d'éclairage et de production de force motrice, dans les usines industrielles, et aussi pour les machines marines. Pour ces dernières, les conditions théoriques sont très favorables par suite des quantités abondantes d'eau froide que l'on a à sa disposition. Cependant un calcul précis devra d'abord indiquer ce que seront les poids par rapport à ceux qui font loi actuellement dans l'étude des machines marines. L'avantage de la machine Abwaerme se fera sentir spécialement dans les installations où les résistances seront variables, car une marche momentanément défavorable de la machine à vapeur se trouvera en partie compensée par le cylindre à vapeur froide.

L'autre disposition, c'est à dire l'installation d'une machine Abwaerme indépendante rend possibles l'agrandissement et l'améliotration d'une usine existante, par l'adjonction d'une nouvelle machine actionnée sans dépense supplémentaire de vapeur, c'est à dire sans modification aux chaudières existant.

Quant au travail supplémentaire que l'on peut espérer obtenir sans dépense supplémentaire de combustible, il ressort de ce fait qu'aux usines centrales d'Électricité de Berlin, où sont installées des machines à vapeur d'une force totale de 142300 chevaux, on pourra gagner environ 55000 chevaux, en admettant une consommation moyenne de vapeur de 5,5 kgs. par cheval indiqué et par heure.

En ce qui concerne le réglage de vitesse des machines Abwaerme, installées séparément, il ne présente aucune difficulté, si elles travaillent sur une même transmission, ou bien sur le même réseau que les dynamos à vapeur.

Si les conditions sont différentes, l'emploi de la machine Abwaerme est encore possible, mais avec des dispositifs de réglage dont la description ne rentre pas dans le cadre du présent compte-rendu.

Fonctionnement des machines Abwaerme par les gaz d'échappement des chaudières et des moteurs à gaz.

Quoique l'emploi de la vapeur d'échappement, pour actionner des machines Abwaerme, se présente tout d'abord, il ne faut pas perdre de vue, qu'on pourrait aussi utiliser dans l'avenir d'autres sources de chaleur.

Ainsi la chaleur qui s'échappe par la cheminée avec les gaz des foyers de chaudières peut être estimée, même dans les meilleures installations, à environ 20 à 25 % de celle produite par la combustion du charbon. La température élevée des gaz perdus des chaudières a été jusqu'ici utilisée seulement pour produire le tirage de la cheminée, et d'une manière très imparfaite, pour le réchauffage de l'eau d'alimentation des chaudières. Depuis ces derniers temps le tirage artificiel étant devenu avantageux, il n'y a plus rien qui empêche d'utiliser une partie de la chaleur actuellement perdue dans la cheminée à la production de force motrice, et cela par l'emploi de la machine à vapeur froide.

L'utilisation compléte de la chaleur des gaz perdus des chaudières peut avoir lieu sans grande dépense, quand il existe une installation de machines Abwaerme, et permettre d'obtenir avec cette machine motrice un rendement thermique, se rapprochant de celui des moteurs à gaz. Avec la machine Abwaerme de l'École technique supérieure, on a transformé en travail 23 % de la chaleur contenue dans la vapeur. Nous croyons qu'avec une installation semblable il sera possible d'arriver à une consommation de vapeur de moins de 3 kgs. par cheval indiqué et par heure.

Dans les moteurs à gaz également, la quantité de chaleur évacuée en pure perte avec les produits de la combustion et avec l'eau de réfrigération est très importante et peut être utilisée avec avantage dans une machine Abwaerme.

Lors d'un essai auquel nous avons procédé dernièrement au laboratoire de machines avec un moteur à gaz de 50 chev. effec., 26 % environ de la chaleur obtenue par la combustion du gaz ont été convertis en travail, tandis que 71 % ont été retrouvés dans le gaz d'échappement et dans l'eau de réfrigération. Quoique la quantité de chaleur contenue dans les produits d'échappement des moteurs à gaz est à forces égales inférieure à celle contenue dans la vapeur d'échappement des machines à vapeur, on pourrait tout de même récupérer un travail important à cause de la température élevée des gaz des moteurs à gaz, en se servant d'une machine à vapeur froide; la température initiale élevée donnera dans l'évaporateur une pression plus forte et permettra d'améliorer de beaucoup le rendement thermique.

Si par exemple, l'évaporateur de la machine Abwaerme fonctionne à 25 kg par cm^2, ce qui correspond à une température initiale de 90^0 des vapeurs de SO_2, on produira la force d'un cheval indiqué avec environ 5000 calories, dans la machine Abwaerme. On aurait donc pu, dans l'exemple cité plus haut, du moteur à gaz de 50 chev. effec. où 104000 cal. sont évacuées dans les gaz d'échappement et dans l'eau de réfrigération, récupérer une force d'environ 20 chev. indiqués.

La machine Abwaerme donne des résultats moins favorables par l'utilisation d'eau chaude pour la production du travail.

Cela s'explique d'abord par ce que la transmission de chaleur dans l'évaporateur exige une chute de température de l'eau chaude aussi élevée que possible, afin de ne pas avoir de trop grandes quantités d'eau par rapport au travail à obtenir; d'autre part, dans un évaporateur, où la transmission de la chaleur se fait d'un liquide à un autre (acide sulfureux) avec changement d'état d'un côté de la surface seulement, les surfaces devront être plus grandes que là où il se produit des changements d'état des deux côtés, ou bien où de grandes chutes de température seront admises.

Les évaporateurs utilisant de l'eau chaude devront donc avoir des dimensions au moins aussi grandes que les condenseurs. L'utilisation de l'eau chaude ne devra être considérée comme économique, que si elle accuse une température élevée (au-dessus de 70^0) et que si on a beaucoup d'eau froide de condensation à sa disposition.

Ce cas peut pourtant se présenter; il existe, par exemple des mines au Chili desquelles on extrait de l'eau à 80^0 C., et étant donné la situation du pays, on pourrait utiliser cette eau à la production de force motrice, attendu que le prix de charbon est élevé et que l'eau froide y est abondante.

Pour le Chili, la machine Abwaerme aura encore une importance toute spéciale, vu qu'à l'intérieur du pays, l'eau douce pour l'alimentation des chaudières de locomotives n'existe pas, ou est insuffisante; cette eau y est obtenue en distillant de l'eau de mer sur les côtes, qu'on envoie ensuite vers l'intérieur par chemin de fer, dans des wagons-citernes.

La distillation de l'eau demande une importante dépense de chaleur qui jusqu'à présent est totalement perdue, et qui par le système des machine Abwaerme pourrait être utilisée avantageusement. La vapeur d'eau serait condensée dans un évaporateur de machine à vapeur froide, ce qui permettrait de produire une quantité appréciable de travail mécanique.

. . . .

Résultats économiques de la machine Abwaerme.

Quoique l'avantage de la machine Abwaerme combinée aux machines à vapeur ne soit plus discuté, on lui reproche cependant en général les frais d'installation élevés, par suite de l'emploi d'appareils à surfaces. Ils sont dits être importants, au point que le résultat économique de la machine devient relativement faible.

La machine Abwaerme convient moins bien pour les installations, où les machines ne fonctionnent que par intervalle. Mais on peut réaliser une économie importante avec de grandes machines. Nous espérons prouver par les prix de revient ci-après obtenus dans les installations existantes, et avec les engagements pris par des constructeurs, que l'emploi de la machine Abwaerme permet de réaliser une économie importante.

Dans le calcul de l'économie réalisée par les machines à vapeur froide, on a fait intervenir seulement celle résultant de la faible consommation de vapeur. L'économie de charbon d'environ 7 % qui peut être obtenue par l'emploi, pour l'alimentation des chaudières, de l'eau condensée chauffée à environ 70^0 n'est pas prise ici en considération.

Frais d'installation.

A. Machine à vapeur combinée, d'une force de 1600 chevaux.

Nous considérons d'abord les frais d'acquisition pour une installation nouvelle d'une machine combinée à vapeur et à SO_2, telle qu'elle a été décrite précédemment et représentée figures 19 et 20.

Pour la puissance normale supposée de 1600 chev. indiqués, et en prenant comme base les offres faites par les meilleures maisons de construction, on obtient pour l'achat de la machine combinée, y compris l'installation des chaudières, un prix total de Mark 212 000

sont inclus:

Le prix de la machine motrice proprement dite, consistant en une machine compound à double expansion, d'une force de 1200 chev. indiqués, et en un cylindre à vapeur froide de 400 chev. indiqués, formant ensemble 1600 chev. indiqués, à la vitesse de 72 tours par minute, y compris une pompe à acide sulfureux, une pompe à air sec, une pompe à eau de réfrigération	Mark	125 000
1 évaporateur pour la machine à vapeur froide	»	10 000
2 condenseurs pour la machine à vapeur froide	»	24 000
Soupapes pour la machine à vapeur froide	»	4 000
Frais supplémentaires de la tuyauterie	»	7 000
Frais d'acquisition de l'acide sulfureux (une fois pour toutes)	»	2 000
2 Chaudières à vapeur avec surchauffeur pour une force de 1200 chev. indiqués	»	40 000
Total	Mark	212 000

A titre de comparaison les frais d'installation d'une machine compound à triple expansion de 1600 chev. indiqués à 72 tours par minute, comprenant un cylindre à haute et un tel à moyenne et deux à basse pression, y compris 2 condenseurs à jet et 2 pompes à air, suivant une installation faite par le même constructeur, s'élèvent à	Mark	150 000
2 Chaudières avec surchauffeur pour une force de 1600 chev. indiqués	»	56 000
Total	Mark	206 000

La différence de Mark 6000, qui existe entre les prix des deux installations est si minime, que l'on peut affirmer que les frais des deux installations seront à peu près les mêmes.

N'ont pas été comptés ici, dans les deux installations, les dépenses qui leur sont communes, telles que conduites de vapeur, fondations, maçonnerie des chaudières, etc. . . .

B. Installation indépendante d'une machine Abwaerme, d'une force de 175 chev. ind.

Nous pouvons donner ici quelques chiffres relatifs à l'installation de Markgrafenstrasse.

Les frais d'installation se sont élevés au total de Mark 49445.

Dans cette somme sont compris:

La machine à SO_2, la pompe à acide sulfureux, les soupapes, la tuyauterie, la pompe à eau de réfrigération, le moteur électrique actionnant celle-ci, les condenseurs, l'évaporateur, les prix d'achat de l'acide sulfureux, les frais de montage (sans la maçonnerie).

Comparativement à ces prix, nous reproduisons les frais pour l'installation d'une machine à vapeur ou d'un moteur à gaz de même force:

Installation d'une machine à vapeur de 175 chev. ind. Machine à vapeur (360 × 540 mm diam. du cylindre, course 600, Machine tandem avec condenseur à mélange, 150 tours par minute. Suivant devis d'une Maison de construction de premier ordre)	Mark	31 900
Chaudière avec surchauffeur	»	13 000
Dispositifs d'alimentation	»	800
Tuyauterie et soupapes, montage compris	»	4 000
Total	Mark	49 700
Installation de moteurs à gaz (suivant devis d'une des premières maisons de construction)		
Appareils à gaz pour la production de la force motrice, y compris montage, transport, etc.	Mark	15 475
Appareils de mise en marche à l'air comprimé	»	1 750
Moteur à gaz de 150 chev. eff.	»	27 000
Boulons et plaques de fondation	»	450
Tuyauterie, divers	»	2 500
Silencieux d'échappement	»	450
Total	Mark	47 625

Il résulte que les devis pour installations de machines à vapeur et Abwaerme sont presque indentiques, tandis que les frais d'installation des machines à gaz sont inférieurs de : Mark 1820 à ceux des installations Abwaermc.

Comparaison des frais d'expédition.

A. Machine à vapeur de 1600 chev. indiqués.

Pour cette machine établie avec surchauffe, on garantit une consommation de vapeur de 4,5 kgs. par chev. ind. ce qui donne pour un travail de 3000 heures par an, une consommation de 3080 tonnes de charbon, en admettant une vaporisation de 7 kgs. de vapeur par kgs. de charbon. Or, si l'on compte le charbon à : Mark 18 la tonne, la dépense en combustible de cette machine à vapeur sera annuellement de: Mark 55 500.

B. Machine combinée de 1600 chevaux indiqués.

Si l'on admet pour la machine à vapeur proprement dite avec surchauffe, une consommation de vapeur de 4,5 kg. par heure et par chev. ind., et pour la machine Abwaerme, une consommation de 14 kg., il en résulte une consommation de vapeur de la machine combinée égale à 3,40 kg. Ce qui, pour un travail annuel de 3000 heures, correspond à une consommation de charbon égale à 2330 tonnes par an, soit une économie annuelle de 750 tonnes par rapport à l'installation de vapeur proprement dite. Si l'on compte la tonne de charbon à : Mark 18, il en résulte annuellement une économie de : Mark 13,500, en raison de la faible consommation de vapeur.

Dans cette somme il faut déduire 15 %, pour l'intérêt et l'amortissement des dépenses supplémentaires de l'installation B., de Mark 6.000, soit 900 Mark, de sorte que l'économie annuelle est de 12 600 Mark. On n'a pas tenu compte de la faible consommation d'huile de la machine combinée (le cylindre Abwaerme n'étant pas graissé et la machine ne comportant que 2 cylindres, au lieu de 3). Cette économie est compensée approximativement par les pertes probables en SO_2. On n'a pas tenu compte non plus de l'économie de 7 % de charbon réalisée avec la machine combinée, par l'utilisation de l'eau de condensation pour l'alimentation des chaudières.

De ce qui précède il résulte que pour de nouvelles installations de grandes machines, la machine à vapeur combinée, telle que nous l'avons indiquée réaliser ait une économie importante de combustible.

La chose se présente sous un jour encore plus favorable lorsqu'il s'agit de l'agrandissement d'une installation de machines à vapeur. Cet agrandissement peut se faire soit au moyen d'une nouvelle installation de chaudières et de machines à vapeur, soit au moyen de moteurs à gaz, soit enfin au moyen d'une machine Abwaerme.

Les frais de ces diverses installations ont été communiqués ci-dessus.

Les frais d'exploitation de ces trois installations sont indiqués ci-après. N'ont pas été compris les frais d'amortissement et d'intérêt, les frais supplémentaires occasionnés pour l'installation de la machine à vapeur et de la machine Abwaerme, la différence avec l'installation d'une force motrice au gaz étant très faible.

A. Machines à vapeur.

Dépense de charbon, pour un travail annuel de 3000 heures, 6 kg. de vapeur par chev. ind., 7 kg. de vapeur par kg. de charbon, de charbon 450 tonnes, soit annuellement à raison de M. 18 la tonne . . . . Mark 8 100.

B. Force motrice par le gaz.

Dépense en anthracite pour alimenter le générateur (0,5 kgs. d'anthracite par chev. effectif) pour un travail annuel de 3000 heures, 225 tonnes à M. 33 . . . . Mark 7 428.

C. Maschine Abwaerme.

Dépense en combustible (vapeur d'échappement) . . . . . Mark 00.

L'économie annuelle dans les frais d'exploitation résultant de l'emploi de la machine Abwaerme, par rapport à une machine à vapeur, à s'élève . . . . Mark 8 100

à une machine à gaz . . . . » 7 428.

Ce sont là des sommes déjà importantes, si l'on considère la faible puissance de l'installation (150 chev. eff.). Dans de plus grandes installations l'économie serait encore plus considérable.

Si même on admet que les chiffres communiqués doivent être modifiés légèrement dans un sens ou dans l'autre, on est forcé de reconnaître que l'emploi d'une machine Abwaerme permet de réaliser une économie importante dans les frais d'exploitation, et d'après les expériences acquises jusqu'ici, il est également permis de dire que l'art du constructeur moderne saura tirer profit du système. Il ne saurait y avoir aucun doute qu'en présence des prix élevés actuels du charbon, la machine Abwaerme ne soit appelée à constituer un facteur économique important. On est arrivé à donner aujourd'hui à la machine nouvelle une construction telle, que rien ne s'oppose plus à son application industrielle.

Il va de soi que d'autres perfectionnements pourront encore y être apportés.

En tout cas, les machines construites jusqu'ici ont prouvé que les préjugés encore soigneusement entretenus de divers côtés contre l'emploi de l'acide sulfureux sont sans aucun fondement, si le service en est fait judicieusement.

www.ingramcontent.com/pod-product-compliance
Lightning Source LLC
LaVergne TN
LVHW081350011026
849161LV00013BB/3049